上海市工程建设规范

水闸与水利泵站维修养护技术标准

Standards for maintenance and repair of sluice and pumping station

DG/TJ 08—2428—2024

J 17270—2023

主编单位:上海市水利管理事务中心(上海市河湖管理事务中心)
批准部门:上海市住房和城乡建设管理委员会
施行日期:2024 年 3 月 1 日

同济大学出版社

2024 上海

图书在版编目(CIP)数据

水闸与水利泵站维修养护技术标准 / 上海市水利管
理事务中心(上海市河湖管理事务中心)主编. —上海：
同济大学出版社，2024.1
ISBN 978-7-5765-1057-7

Ⅰ. ①水… Ⅱ. ①上… Ⅲ. ①水闸-维修-技术标准
②水利枢纽-泵站-维修-技术标准 Ⅳ. ①TV66-65
②TV675-65

中国国家版本馆 CIP 数据核字(2024)第 023686 号

水闸与水利泵站维修养护技术标准

上海市水利管理事务中心(上海市河湖管理事务中心)　主编

责任编辑　朱　勇
助理编辑　王映晓
责任校对　徐春莲
封面设计　陈益平

出版发行　同济大学出版社　　www.tongjipress.com.cn
　　　　　(地址：上海市四平路 1239 号　邮编：200092　电话：021 - 65985622)

经　　销　全国各地新华书店
印　　刷　浦江求真印务有限公司
开　　本　889mm×1194mm　1/32
印　　张　2.625
字　　数　66 000
版　　次　2024 年 1 月第 1 版
印　　次　2024 年 1 月第 1 次印刷
书　　号　ISBN 978-7-5765-1057-7
定　　价　30.00 元

上海市住房和城乡建设管理委员会文件

沪建标定〔2023〕477 号

上海市住房和城乡建设管理委员会关于批准 《水闸与水利泵站维修养护技术标准》 为上海市工程建设规范的通知

各有关单位：

由上海市水利管理事务中心（上海市河湖管理事务中心）主编的《水闸与水利泵站维修养护技术标准》，经我委审核，现批准为上海市工程建设规范，统一编号为 DG/TJ 08—2428—2024，自 2024 年 3 月 1 日起实施。

本标准由上海市住房和城乡建设管理委员会负责管理，上海市水利管理事务中心（上海市河湖管理事务中心）负责解释。

特此通知。

上海市住房和城乡建设管理委员会

2023 年 9 月 11 日

前　言

根据上海市住房和城乡建设管理委员会《关于印发〈2021 年上海市工程建设规范、建筑标准设计编制计划〉的通知》（沪建标定〔2020〕771 号）要求，上海市水利管理事务中心（上海市河湖管理事务中心）会同有关单位，经广泛调查研究，总结本市工作经验、吸收外省市成果，参考国家、行业和本市相关标准，并在广泛征求意见的基础上，编制了本标准。

本标准主要内容有：总则、术语、基本规定、运行要求、检查与观测、水工建筑物维修和养护、设备维修和养护、附属工程维修和养护、技术资料和档案要求以及附录等。

各单位及相关人员在本标准实施过程中，请注意总结经验，如有意见和建议，请及时反馈至上海市水务局（地址：上海市江苏路 389 号；邮编：200050；E-mail：kjfzc@swj.shanghai.gov.cn），上海市水利管理事务中心（地址：上海市南苏州路 333 号；邮编：200002；E-mail：slcszk@163.com），上海市建筑建材业市场管理总站（地址：上海市小木桥路 683 号；邮编：200032；E-mail：shgcbz@163.com），以供修订时参考。

主 编 单 位：上海市水利管理事务中心（上海市河湖管理事务中心）

参 编 单 位：上海友为工程设计有限公司
上海勘测设计研究院有限公司

主要起草人：胡险峰　杜晓舜　李晓云　羊　丹　曾婉仪
李　瑜　蔡　浚　王志林　徐　岚　李　杰
兰　博　卢育芳　徐　亮　夏兵兵　李　志
沈利峰　秦莉真　尤　琦　周烨烨　冀天竹

李玲玉　齐珊珊　范宜金　李　纪　张雷珍
蔡勇圣　韩文君　曹友为　刘东坤　尹凯丽
初　阳
主要审查人： 王　芳　程松明　蒋　平　方正杰　姜震宇
姜国芬　肖志乔

上海市建筑建材业市场管理总站

目 次

Contents

1 总　则

1.0.1 为保障本市水闸与水利泵站安全可靠运行、充分发挥效益,实现工程维修养护的制度化、规范化和标准化,特制定本标准。

1.0.2 本标准适用于本市行政区域内水闸与水利泵站的维修养护,不适用于大修、除险加固等专项维修。

1.0.3 维修养护除应符合本标准规定外,尚应符合国家和本市现行标准的有关规定。

2 术 语

2.0.1 水闸 sluice

修建在河道和渠道上,利用闸门控制流量和调节水位的低水头水工建筑物。

2.0.2 泵站 pumping station

以电动机或内燃机为动力机的抽水装置及其辅助设备和配套建筑物组成的工程设施。

2.0.3 维修养护 maintenance and repair

养护是指为保持建筑物或设施的完整清洁、操作灵活、运行可靠,对建筑物或设施在检查中发现的缺陷和问题进行预防性保养和局部修补的工作;维修是指为保持建筑物或设施的工程设计功能,对建筑物或设施在检查中发现的损坏和问题进行必要的修复、修补和改善的工作。

2.0.4 主机组 main unit

泵站主水泵、主电动机及其传动装置的设备统称。

2.0.5 金属结构 hydromechanical work

闸门及启闭机等设备的统称。

2.0.6 电气设备 electrical equipment

变压器、配电柜、集控操作台、电缆、断路器、励磁装置、防雷装置等设备的统称。

2.0.7 辅助设备 auxiliary equipment

除了主机组、金属结构、高低压电气设备以外的设备总称,主要包括油、气、水、通风、照明系统及观测仪器等。

2.0.8 自动化控制系统 automatic control system

由分布式的电气和水测仪表等智能终端设备、计算机及数字通信网络系统组成,集遥信、遥测、遥控、遥视为一体,自动监控运行状态,可实现在线设备的自动/手动、远程/现地操作的系统。

2.0.9 视频监控系统 video monitoring system

由网络视频服务器及监控点的摄像组件(防护罩、摄像机、镜头、支架)、相关线缆等组成,实现图像的采集、编码、传输、摄像机的控制和报警的输入/输出、本地录像等功能,可实时、直观监控工程各部位现场情况的系统。

2.0.10 信息化管理平台 information management platform

将物联网、移动互联网、云计算等信息技术与工程管理相结合,实现工程信息、工程调度、运行管理、操作流程、应急处理等工作的数据采集、数据加工处理、存储管理、统计分析、信息交换与输出、权限管理等功能的管理平台。

3 基本规定

3.0.1 维修养护应遵循"经常检查、及时维护、养重于修、修重于抢"的工作原则。

3.0.2 根据本市水闸与泵站工程特点,将养护等级划分为两级。Ⅰ级养护适用于本市大、中型及位于水利控制片一线市、区管水闸与泵站,Ⅱ级养护适用于除Ⅰ级养护外的其他水闸与泵站。

3.0.3 维修养护范围包括水闸与泵站工程管理范围内相关建筑物、设备及附属工程。

3.0.4 维修养护内容包括检查与观测、维修和养护、技术资料和档案管理等。

3.0.5 应根据不同养护等级,规定检查、观测和养护工作的内容和频次。

3.0.6 应规范实施工程维修养护,积极采用先进、实用、成熟的新技术、新材料和新工艺,提高信息化和智能化管理水平。

3.0.7 应建立完整的维修养护档案,定期进行资料整编,提高信息化管理水平。

4 运行要求

4.1 一般规定

4.1.1 水闸与泵站的控制运行应满足本市防汛调度、活水畅流调度和专项调度的要求,有通航功能的水闸应同时满足航运的要求。

4.1.2 应制定工程运行管理相关制度和操作规程。

4.1.3 应根据法律法规和有关标准,划定工程管理范围,合理设置各类标志牌,标志牌设置要求见附录 A;对管理范围内各类活动进行监督检查,维护正常的运行管理秩序。

4.2 水闸控制运行要求

4.2.1 应根据水闸的设计特征值,结合水闸承担的任务和工程条件,确定下列指标作为控制运行的依据:

    1 上、下游最高水位和最低水位。

    2 最大过闸流量,相应单宽流量及上、下游水位。

    3 最大水位差及相应的上、下游水位。

    4 上、下游河道的安全运行水位和流量。

4.2.2 水闸控制运行应符合下列要求:

    1 根据水资源调度需求,有计划地进行引排水。

    2 汛期根据指令及时组织防洪除涝工作。

    3 挡潮运行应防止潮水倒灌。

    4 汛期应充分利用泄水冲淤,非汛期宜在大潮期退潮时冲淤。

4.2.3 通航水闸控制运行应符合下列要求：

1 通航水闸应在保证工程安全和防汛安全前提下实施船舶通航。

2 遇大风、大雪、大雾、暴雨等极端天气时，原则上应停止通航；确需通航时，应采取有效措施保证工程设施安全和通航安全。

4.3 泵站控制运行要求

4.3.1 应根据泵站的设计特征值、设备的性能，结合泵站承担的任务和工程条件，确定下列指标作为控制运行的依据：

1 上、下游允许运行的最高水位、最低水位。

2 最大单机运行功率。

3 最大扬程及相应的上、下游水位。

4 单机设计流量。

4.3.2 应根据泵站工程配套、上下游工程情况、防汛需求等合理安排水泵机组的开机台数、顺序。通过站内机组运行调度来改善进、出水池流态，减少水力冲刷和水力损失。

4.3.3 泵站运行中应加强巡视，详细记录；异常时应停机检查，及时维修。

4.4 环境要求

4.4.1 应根据国家和本市环境保护有关规定，做好工程管理范围内的环境卫生工作。

4.4.2 水闸与泵站运行和维修养护中产生的废物、有毒有害物质等应按有关规定处理。

4.4.3 应及时清理拦污栅前的污物，并在专用场地统一堆放或运至垃圾回收中心处理。

4.4.4 应做好工程管理范围内的绿化养护，采取必要措施防止水土流失。

4.5 安全要求

4.5.1 应严格执行安全生产规章制度和安全操作规程,做到安全生产。

4.5.2 工程发生事故后,应根据安全生产应急预案,迅速采取有效措施,组织抢险,防止事故扩大。

4.5.3 应采取措施对工程设施进行保护,设置安全警示标志;运行操作人员应做好安全防护,按规定使用安全防护用品。

4.5.4 应按国家和本市有关规定组织水闸与泵站安全鉴定,根据安全鉴定结论调整控制运行,并及时采取相关工程措施。

5 检查与观测

5.1 一般规定

5.1.1 水闸与泵站检查包括日常检查、定期检查和专项检查,应符合下列要求:

   1 日常检查由运行管理人员负责进行,对水工建筑物、闸门、启闭机、机电设备、观测设施、监控设施、管理范围内的河道、堤岸等进行巡视检查。Ⅰ级养护工程宜每天检查1次,每周不少于4次;Ⅱ级养护工程每周应不少于2次。防汛预警期间应每天至少检查1次。泵站运行期间,主机组和机电设备应每2h巡视1次。

   2 每年汛前、汛后应开展定期检查,对工程进行全面、系统的检查。闸门、启闭机、主机组等设备应作动水试运转检查。

   3 当出现下列情况之一时,应进行专项检查:

     1)经受地震、台风、超标准洪水或其他自然灾害。

     2)实时运行水位超设计水位、设计流量、内外河水位差等超标准运行。

     3)发现较大安全隐患或发生工程事故。

   4 日常检查、定期检查和专项检查应有书面记录或专项报告。针对检查中发现的问题,应采取措施及时处理。

5.1.2 检查与观测应符合下列要求:

   1 应按规定的内容(或项目)、周期执行。

   2 检查记录和观测成果应做到详尽、真实、准确,及时整理、分析并定期进行资料整编和归档。

   3 观测设施应妥善保护,观测仪器和工具应定期校验、维护。

5.1.3 检查应包括下列内容:

1 水闸与泵站建筑物外观是否存在损坏。

2 水闸与泵站运行状况是否正常。

3 设备各项技术指标是否正常。

4 安全防护设施是否完善、可靠。

5 维修养护是否落实到位。

6 管理范围标志是否有效。

5.2 水工建筑物检查

5.2.1 水工建筑物检查范围应符合下列要求:

1 日常检查及定期检查应包括土工、石工和混凝土等建筑物。

2 专项检查应包括工程重要部位、受损部位、水位变动区域和水下结构等。

5.2.2 日常检查应包括下列内容:

1 土工建筑物

　1)堤顶、堤坡有无雨淋沟、坑口、裂缝等。

　2)堤身有无挖坑、取土、缺口、耕种农作物等破坏情况。

　3)有无害虫、害兽的活动痕迹。

　4)排水、导渗、减压设施有无损坏、沙石淤积堵塞、失效等情况。

　5)高水位期间,堤闸接头、背水坡、堤脚等处有无漏水、管涌、流土等情况。

2 石工建筑物

　1)块石护坡、护岸有无块石翻起、松动、塌陷、缺失、垫层流失、底部掏空、风化等破坏情况。

　2)上、下游翼墙或挡土墙墙体有无倾斜、滑动、勾缝脱落。

　3)排水管有无堵塞、损坏等现象,高水位时,注意墙体有无渗水。

3 混凝土建筑物

    1）混凝土建筑物有无裂缝、腐蚀、磨损、剥蚀、露筋及钢筋锈蚀等情况。

    2）伸缩缝止水有无损坏、漏水及填充物流失等情况。

    3）交通桥、工作桥桥面等有无损坏。

5.2.3 定期检查在完成本标准第5.2.2条的同时，增加对屋面、地下室有无渗漏、墙面裂缝，内外墙涂料、贴面有无剥落，房屋设施有无损坏等情况的检查。

5.2.4 专项检查应对水下结构及上下游河道冲淤情况进行全面检查。

5.3 主机组检查

5.3.1 主机组检查范围应符合下列要求：

    1 日常检查及定期检查应包括主机组主水泵、机座、轴承等设备。

    2 专项检查应包括水泵、机座、轴承等设备检查，对主机组全面解体、检查和处理。

5.3.2 主机组日常检查应包括下列内容：

    1 主机组外壳有无尘垢、油垢和锈迹，铭牌是否完整、清晰。

    2 水泵是否在规定的电压、电流、功率、扬程范围内运行。

    3 水泵在运行中是否转向正确、运行平稳，法兰连接处有无漏水。

    4 机组油、气、水系统等辅助设备是否正常工作。

    5 水泵填料函处有无漏水。

    6 水泵轴承润滑是否良好，轴承箱油位是否指示正常。

    7 进水池水位是否低于最低运行水位。

    8 泵站拦污栅内外水位差是否大于设计要求。

    9 管路上的止回阀、拍门闭合是否紧密，是否有倒流水现象。

    10 柔性止回阀的闭合是否正常,是否有回缩现象。

    11 出水口闸门是否正常启闭。

    12 其他需要检查的内容。

5.3.3 主机组定期检查应包括下列内容:

    1 水泵机座、泵体管道连接螺栓是否紧固。

    2 采用稀油润滑轴承的机组,运行前后轴承箱油位变化是否在规定范围内。

    3 轴承最高温度是否在规定范围内。

    4 填料函处泵轴有无偏磨、过热现象。

    5 主机组运行时是否产生汽蚀现象,振动与噪声是否在规定范围内。

    6 主机组停机后惰走的时间是否正常。

    7 主机组的轴封机构处是否有渗漏水情况。

5.3.4 主机组专项检查应包括下列内容:

    1 对机组进行全面解体、检查和处理。

    2 对机组的同轴度、摆度、垂直度(水平)、高程、中心、间隙等进行检查、调整,消除机组运行过程中的重大缺陷,恢复机组各项指标。

5.4 金属结构检查

5.4.1 金属结构检查范围应符合下列要求:

    1 日常检查及定期检查应包括闸门、启闭机等设备。

    2 专项检查应包括金属结构重要构件、严重损伤的构件等。

5.4.2 闸门日常检查应包括下列内容:

    1 闸门在关闭状态时有无漏水现象及漏水程度;采用柔性止水的闸门,止水橡皮有无磨损、老化、龟裂、变形、破损等;止水垫板、压板、挡板等构件有无损坏;止水固定螺栓有无松动、变形、损伤或脱落,周围有无锈蚀等;采用刚性止水的闸门,止水面有无磨损。

2 主、侧滚轮是否转动灵活,润滑是否良好,加油设备是否完好。

3 门叶、梁系是否变形,涂层是否完好,有无龟裂、翘皮、锈斑等现象,焊缝有无开裂。

4 吊耳(杆)零部件有无裂纹,焊缝有无开裂,螺栓有无松动,止轴销是否缺失,销轴是否转动灵活。

5 锁定装置是否变形和腐蚀,搁门器有无变形、损伤或脱落,焊缝有无开裂,螺栓(铆钉)是否松动,润滑是否良好,闸门搁置是否正常。

6 闸门启闭过程中有无卡阻、跳动、异常振动和响声情况,门槽或栅槽附近的安全走道、扶手栏杆、爬梯、盖板是否完善和牢固。

5.4.3 闸门定期检查应包括下列内容:

1 闸门整体变形情况。

2 门叶梁格、吊耳、支臂等主要受力构件变形、损伤情况,焊缝开裂和密闭箱形结构进水情况。

3 滚轮轮体裂纹、破损、磨损和转动状况,支承结构变形和损伤情况,滑动支承变形、损伤、脱落和磨损情况。

4 弧形闸门支铰有无变形、损伤、松动,运转是否正常。

5 底槛、主轨、反轨、副轨、侧轨、门楣、止水座板、闸槽护角、弧形闸门铰座等埋件有无变形、损伤、脱落、焊缝开裂及其他影响闸门运行的情况。

6 闸门旁通充水系统阀工作及止水情况。

5.4.4 卷扬式启闭机日常检查应包括下列内容:

1 启闭机机架、减速器、齿轮罩等外露部件是否清洁、干燥。

2 钢丝绳悬吊装置两端是否牢固,钢丝绳有无扭转、打结、锈蚀、磨损、断丝,运行时有无跳绳现象。

3 高度仪、荷载限制器及指示器指示数据准确度和偏差是否符合设计要求。

4 启闭设备滑轮、齿轮等转动或滑动部件的润滑状况是否良好。

5 启闭运行是否平稳,有无卡阻、异常振动和响声。

6 手摇装置及联锁机构的工作是否可靠有效。

5.4.5 卷扬式启闭机定期检查应包括下列内容:

1 滑动轴承轴瓦、轴颈有无拉毛或划痕,传动齿轮啮合是否良好。

2 启闭机各零部件和构件有无变形、损伤及开裂等情况。

3 机架、吊板、连接轴等主要部件的防腐涂层是否完好。

4 各部位连接螺栓有无松动、断裂、缺失等情况。

5 减速器油位、端面、密封面有无渗油状况,运行时有无异常声响、振动及发热等情况。

6 制动轮及制动瓦表面是否干燥清洁,制动轮有无裂纹、砂眼、划痕及退火等情况,制动轮与摩擦片间隙及磨损量是否满足设计要求;衔铁与固定磁铁是否吻合,制动器工作时有无打滑、焦糊、冒烟和摆动等情况。

7 液压式制动器液压油位是否正常,液压油有无变质、渗漏等现象;负载弹簧有无变形、裂纹等现象;各点的润滑是否良好,紧固件有无松动,定位块有无位移。

8 滑轮组是否转动灵活,轮缘及轮体有无裂纹,绳槽的磨损量是否符合标准要求;卷筒、卷筒轴有无裂纹、变形,卷筒与开式齿轮的连接螺栓、定位销、抗剪套有无松动、错位、变形等情况。

9 联轴器的转动是否平稳,其中齿轮联轴器的齿套、键、销以及弹性联轴器的弹性垫圈、螺栓等零件有无裂纹、超标变形、松动、脱落等情况。

10 开式齿轮侧隙及啮合应符合现行行业标准《水利水电工程启闭机制造安装及验收规范》SL/T 381 的规定,齿轮啮合面润滑状况是否良好,有无裂纹、断齿等情况。

11 双吊点启闭机的两钢丝绳吊点高程是否一致;高度仪、荷载限制器及指示器工作是否正常,联轴器、传动轴、链轮链条等零件有无锈蚀、裂纹、变形、松动等情况。

5.4.6 液压式启闭机日常检查应包括下列内容:

1 启闭机机架、减速器、齿轮罩等外露部件是否清洁、干燥;高度仪、荷载限制器及指示器指示数据准确度和偏差是否符合设计要求;启闭运行是否平稳,有无卡阻、冒烟、焦糊气味、跳动、异常振动和响声。

2 液压启闭机储油箱(槽)中油液是否充足,油箱、液压缸的密封垫片、阀件、油管及接头部分有无泄漏;液压油有无浑浊、变色、异味、沉淀等异常现象。

3 系统压力表、有杆腔压力表、无杆腔压力表的显示是否符合设计要求,其示值与电气控制屏上的示值是否一致,压力表的跳动是否正常,是否产生脉动冲击。

4 转动轴等润滑部件是否良好。

5 缸体、端盖、活塞杆、支承、轴套及油泵等零件有无损伤或裂纹,缸口有无油垢及灰尘,活塞杆伸缩是否平稳。

6 液压泵站的主泵出油量及压力是否达到设计要求,运行是否平稳,有无异常噪声及振动。

7 液压阀动作是否灵活、可靠,节流阀、压力阀调节是否正常。

8 液压缸超行程卸载保护装置是否有效、可靠。

9 采用钢丝绳启闭闸门时,连接处是否牢固,固定浇注块体有无拉丝现象。

5.4.7 液压式启闭机定期检查应包括下列内容:

1 机架、油缸等防腐蚀涂层是否完好,结构有无变形、裂纹。

2 油缸组件,活塞杆有无锈蚀、划痕、毛刺;油缸与支座、活塞杆与闸门的连接是否牢固;油缸各部位连接件有无变形,各部位连接螺栓有无松动、断裂、缺失等情况。

 3 油泵及油管系统是否存在渗漏油现象。

 4 油缸、油泵及油路系统运行是否平稳,有无异常振动和响声。

 5 运行速度、同步性等整定值是否满足设计要求。

5.4.8 螺杆式启闭机日常检查应包括下列内容:

 1 启闭机机架、减速器、齿轮罩等外露部件是否清洁、干燥;高度仪、荷载限制器及指示器指示数据准确度和偏差是否符合设计要求;启闭运行是否平稳,有无卡阻、冒烟、焦糊气味、跳动、异常振动和响声。

 2 螺杆、螺母、蜗轮、蜗杆及轴承等需要润滑的部件润滑状况是否良好。

 3 螺杆或加长杆是否弯曲变形。

5.4.9 螺杆式启闭机定期检查应包括下列内容:

 1 机架防腐蚀涂层是否完好,结构有无变形、裂纹。

 2 各部位连接螺栓有无松动、断裂、缺失等情况。

 3 螺杆螺纹是否完好,螺杆有无明显变形;螺母有无磨蚀。

 4 机箱油封和结合面有无漏油情况。

5.4.10 清污机日常检查及定期检查应包括下列内容:

 1 齿耙、传动机构、皮带输送机等运动部件有无卡滞、碰撞、异常声响等。

 2 电机、减速箱等有无过热、异常声响、振动等,整机运行是否平稳、可靠。

 3 机架有无变形,剪断销、安全保护装置是否可靠。

5.5 电气设备检查

5.5.1 电气设备检查范围应符合下列要求:

 1 日常检查及定期检查应包括电力变压器、配电柜、集控操作台、电缆、断路器、励磁装置、防雷装置等。

    2 专项检查为对主要电气设备开展电气预防性试验,试验频次宜为 1 次/年。

5.5.2 电力变压器日常检查应包括下列内容:

    1 运行是否平稳,尤其是在雷电、暴雨等特殊条件下的运行情况。

    2 油浸式变压器有无渗漏油现象,储油柜油位是否保持在规定范围内。

    3 冷却器风扇运转是否正常,各冷却器温度是否正常。

    4 变压器套管是否清洁,油位是否正常,外部有无破损裂纹、严重油污、放电痕迹和其他异常现象。

    5 变压器内部有无异常声响,冷却装置运行是否正常。

    6 吸湿器(剂)是否完好,油位计中的油位是否在规定范围内。

    7 安全气道及防爆玻璃膜是否完好。

    8 引出线连接螺栓是否牢固。

    9 干式变压器绕组有无裂纹与闪烙痕迹。

    10 干式变压器的温控装置是否正常。

5.5.3 电力变压器定期检查应包括下列内容:

    1 电缆、母线及引线接头有无发热变色等异常情况,外壳接地是否良好。

    2 呼吸器是否完好,吸附剂是否干燥。

    3 瓦斯继电器内有无气体,连接油门是否打开。

5.5.4 其他电气设备日常检查应包括下列内容:

    1 母线及瓷瓶是否清洁、完整,有无裂纹和放电痕迹。

    2 高低压开关柜是否封闭良好、接地可靠,各种标示是否正确、齐全。

    3 隔离开关、负荷开关本体有无变形。

    4 配电柜的柜内线路接头及元器件插接是否清洁,有无松动、烧灼粘连等情况;各种开关、继电保护装置触点是否接触良好,接头连接是否牢靠。

    5 配电柜显示屏及显示按钮等状态是否正常,各种指示信号是否正常,各种声光电保护装置是否可靠有效。

    6 集控操作台的按钮、指示灯工作状态是否正常。

    7 各种供电线路布置是否规范,有无龟裂、绝缘层脱落及折断等现象。

    8 各种电气设备接地是否可靠,防雷设施是否完好。

    9 电缆是否浸入水中。

    10 电缆接闪杆(线、带)及引下线有无断裂、锈蚀,焊接是否牢靠。

    11 仪表安装是否牢固,现场保护箱是否完好,仪表接线是否牢靠。

    12 传感器表面是否清洁,仪表显示是否正常。

    13 励磁装置的工作电源、操作电源等是否正常可靠。

    14 电磁部件有无异声,通电部件的接点、导线及元器件有无过热现象。

5.5.5 其他电气设备定期检查应包括下列内容:

    1 水泵机组满负荷运行时检查电缆温度是否正常。

    2 励磁变压器线圈、铁芯温度、温升是否超过规定值,声音是否正常,表面有无积污。

    3 真空断路器灭弧室是否正常。

    4 电磁操作机构分、合闸线圈有无过热、烧损现象。

5.5.6 电气安全用具应开展电气试验。其中验电笔、绝缘手套、绝缘靴、核相器电阻管、绝缘绳等每半年开展 1 次电气试验;绝缘棒、绝缘挡板、绝缘罩、绝缘夹钳等每年开展 1 次电气试验。

5.6 辅助设备检查

5.6.1 辅助设备检查范围应符合下列要求:

1 日常检查及定期检查应包括油、气、水、通风机、起重机械、观测仪器、照明系统、应急电源灯等。

2 专项检查应对严重损伤的构件进行专项检测。

5.6.2 油、气、水系统日常检查及定期检查应包括下列内容：

1 安全装置、自动装置及压力继电器等是否按设备使用说明检验，动作是否可靠。

2 控制设定值是否符合安全运行要求。

3 系统有无漏油、漏气、漏水现象，密封是否良好。

5.6.3 压力油系统和润滑油系统日常检查及定期检查应包括下列内容：

1 油质、油温、油压、油量等是否符合要求。

2 油系统中的油管是否保持畅通和密封良好，有无渗漏油现象。

3 油压管路上的阀件密封是否良好。

5.6.4 供、排水系统日常检查及定期检查应包括下列内容：

1 供排水水泵运行是否正常。

2 技术供水的水质、水温、水量、水压等是否满足运行要求。

3 示流装置是否良好，供水管路是否畅通。

4 报警装置工作是否正常、可靠。

5 集水井和排水廊道有无堵塞或淤积。

5.6.5 检查压缩空气系统及其安全装置、继电器和各种仪表等是否可靠，其工作压力值应符合使用要求。

5.6.6 应检查通风机、采暖系统运行是否符合要求。

5.6.7 检查拍门、压力钢管、阀门等是否完好。

5.6.8 起重机械、压力容器日常检查及定期检查应由专业部门进行，分别参照现行行业标准《水利水电起重机械安全规程》SL 425 和《固定式压力容器安全技术》TSG 21 实施。

5.6.9 泵站出水管(流)道出口拍门日常检查及定期检查应包括下列内容：

1 启闭和开启角度是否正常。

2 铰轴、铰座是否配合良好、转动灵活,有无锈蚀、裂纹、磨损。

3 拍门附近有无淤积、杂物。

4 拍门液压机构或其他控制装置是否正常。

5 门体有无裂纹、变形,止水是否良好。

5.6.10 虹吸式出水流道的真空破坏阀日常检查及定期检查应包括下列内容:

1 真空破坏阀在关闭状态下是否密封良好。

2 真空破坏阀吸气口附近有无影响吸气的杂物。

5.6.11 检查照明系统、观测仪器、应急电源灯等是否运行正常。

5.7 视频监控系统检查

5.7.1 视频监控系统检查范围应符合下列要求:

1 日常检查及定期检查范围主要为网络视频服务器、监控点摄像组件(防护罩、摄像机、镜头、支架)、相关线缆等。

2 专项检查应对严重损伤的构件进行专项检测。

5.7.2 监控系统检查日常检查及定期检查应包括下列内容:

1 可编程序控制器、远程终端、保护设备、通信系统及计算机系统线缆与接插件联接是否牢固可靠,工况和性能是否达到设计要求。

2 系统供电是否正常可靠。

3 手控与自控功能及控制级优先权等是否符合要求。

4 闸门、阀门电动装置的超载、限位保护及位置是否安全有效。

5 监控系统自诊断、声光报警、保护、通信等功能是否正常可靠。

6 监控系统的接地(接零)和防雷设施是否正常可靠。

7 控制室内防静电设施是否正常可靠。

8 自控、监视系统软件系统是否安全可靠,数据库备份是否及时。

9 计算机系统及集中控制系统的硬件是否保持清洁干燥;计算机通信及数据传输是否正常,各种警示提醒功能是否可靠,系统时间同步是否正确。

10 计算机网络防火墙、网络设备及集中控制系统中的各个接口、通信模块是否工作正常。

5.7.3 视频系统日常检查及定期检查应包括下列内容:

1 视频系统线缆与接插件联接是否牢固可靠,工况和性能是否达到设计要求。

2 视频系统的云台、刮雨器、镜头等部件是否表面清洁、润滑良好,运行是否正常,视频监控画面是否清晰稳定。

5.8 附属设施检查

5.8.1 附属设施检查范围应符合下列要求:

1 日常检查及定期检查应包括管理区道路、防汛通道、办公设施、爬梯、消防设施等。

2 专项检查应对严重损伤的构件、部位进行专项检测。

5.8.2 检查启闭机房、控制室等办公设施、生产及辅助生产设施、生活设施等是否整洁,有无损坏。

5.8.3 检查系船钩、带缆桩、爬梯、水尺、标志牌等辅助设施有无损坏。

5.8.4 检查电缆沟、通信设备及电源、通信专用塔(架)设施是否完好。

5.8.5 检查管理区道路、防汛通道和对外交通道路有无损坏,排水是否畅通,绿化设施是否完好。

5.8.6 检查消防设施是否整洁、功能是否齐全。灭火器、砂桶等消防器材是否符合消防要求。

5.9 工程观测

5.9.1 水闸及泵站观测分一般性观测和专门性观测两类,观测频次应符合表5.9.1的要求。

表5.9.1 观测项目与频次

观测类型	观测项目	频次	
		Ⅰ级	Ⅱ级
一般性观测	上、下游水位	2次/d～4次/d	1次/d～2次/d
	过闸流量	按需要	按需要
	垂直位移	2次/年	1次/2年
	水平位移	2次/年	1次/2年
	扬压力	按需要	按需要
	闸下流态	2次/d～4次/d	按需要
	河床变形	1次/年	按需要
	裂缝	按需要	按需要
专门性观测	伸缩缝变形	2次/年	1次/年
	水质分析	按需要	按需要
	泥沙	按需要	按需要
	混凝土碳化深度	按需要	按需要
其他项目	气温	1次/d	1次/d
	起测基点校验	1次/年	1次/年
	工作基点校验	1次/3年	1次/5年

注:1. 水闸建成初期或遇特殊时期(如洪水、地震、风暴潮等)应增加测次。
2. 具有相关性的观测项目可同时进行。

5.9.2 观测项目宜根据工程设计和实际情况确定。

5.9.3 位移观测应符合下列要求:

1 当发生地震或超过设计最高水位、最大水位差时,应增加测次。

2 宜每年向市测绘部门核对所引水准点的高程,工作基点高程应 3 年～5 年校测 1 次。

    3 应同步观测内、外河水位及气温等。

5.9.4 当结构出现裂缝时,应及时开展裂缝观测,裂缝观测应符合下列要求:

    1 观测内容主要为裂缝宽度、深度、长度及展开方向。

    2 对于可能影响结构安全的裂缝,选择有代表性的位置设置固定观测标点。

    3 裂缝发展初期每月观测 1 次,裂缝发展缓慢后,可适当减少测次;但在出现最高(低)气温、发生强烈震动、超标准运行或裂缝有显著发展时,均应增加测次;裂缝不再发展后,应汛前汛后各观测 1 次。

5.9.5 河床变形观测应符合下列要求:

    1 观测范围为水闸工程结构段和内外河引河段,宜观测至水闸防冲槽外侧 3 倍河宽。

    2 当冲刷或淤积较严重、超标准运行时,应增加测次。

    3 断面间距以能反映河道的冲刷、淤积变化为原则,宜为 20 m～50 m,冲刷严重的部位应加密,在两岸设置固定断面桩标明断面位置。

    4 断面测量宜选择低潮位,在风力较小、闸门关闭时进行,并同步观测水位。

    5 断面测量后将观测结果绘制成河床断面图或地形图,并计算淤积量、冲刷量变化。

5.9.6 扬压力、绕渗观测应同时观测上、下游水位,并注意观测渗透的滞后现象。对于受潮汐影响的水闸,应在每月最高潮位期间选测 1 次,观测时间以测到潮汐周期内最高和最低潮位及潮位变化中扬压力过程线为准。

5.9.7 观测结束后形成观测报告,观测报告应包括工程概况、观测设备情况(包括设施的布置、型号、完好率、观测初始值等)、观测方法、主要观测成果和结论建议。

6 水工建筑物维修和养护

6.1 一般规定

6.1.1 应每年按计划对管理范围内的水工建筑物进行维修和养护。

6.1.2 应做好水工建筑物的维修和养护记录,资料完整详细,按照工程档案管理规定及时归档。

6.1.3 水工建筑物的养护应符合下列要求:

1 根据养护等级和运行情况进行保养和防护,保证建筑物的安全、完好。

2 根据养护等级,结合工程具体情况,确定养护内容和频次。

6.1.4 水工建筑物的维修应符合下列要求:

1 对检查和观测中发现的局部缺陷或破损,应及时修复;采取合理的技术方案和工艺,保证维修质量。

2 受损部位经维修后,新老结构应结合良好,其标准应不低于原结构设计标准。

3 边墩、底板、胸墙等其他混凝土结构维修养护施工技术要求应符合现行行业标准《混凝土坝养护修理规程》SL 230 的规定。

6.1.5 水工建筑物的养护项目及频次见附录 B。

6.2 翼 墙

6.2.1 翼墙维修养护范围应包括上游翼墙、下游翼墙,结构型式有浆砌石翼墙、钢筋混凝土翼墙、砌块翼墙等。

6.2.2 翼墙的养护应符合下列要求：

1 外观整洁，表面完好。

2 结构完整，分缝完好，相邻翼墙无错位、无止水拉裂现象。

3 钢筋混凝土翼墙结构牢固，无断裂、钢筋外露现象。

4 砌石、砌块翼墙无局部风化、块石松动损坏现象。

5 翼墙后填土区无积水，排水沟畅通。

6.2.3 翼墙的维修应符合下列要求：

1 翼墙局部破损、墙身倾斜时，应立即进行维修，确保两侧墙体平整连接。

2 翼墙严重受损，不能保证运行安全时，应拆除损坏部分并修复，同时应重新实施墙后填土、排水及其反滤体。

3 翼墙发生变位时，应采取墙后减载、做好排水并防止地表水下渗、墙前抛石支撑翼墙等措施。

4 确保翼墙墙顶高程和翼墙结构稳定满足防洪设计标准。

5 翼墙后填土区发生下陷时，按原设计标准及时修补夯实。

6.3 护底、护坡

6.3.1 护底、护坡维修养护范围应包括上游护坡、下游护坡、上游护底、下游护底，结构型式有块石护底护坡（理砌、干砌、浆砌、灌砌等）、块体护底护坡、混凝土护底护坡等。

6.3.2 护底、护坡的养护应符合下列要求：

1 表面整洁，无杂物、垃圾等堆积。

2 坡面结构完整，无结构松动、裂开、坍塌、沉陷等。

3 砌石勾缝无龟裂、起翘、剥落等，砌石缝隙无杂草。

4 护坡、护底无管涌、流土、掏空等渗透破坏现象。

5 护坡、护底排水孔保持畅通，如滤层淤塞或失效，应重新疏通或补设排水设施。

6.3.3 护坡、护底的维修应符合下列要求：

1 当块石、石笼等抛石护坡护底塌陷、冲失时,及时补充抛石到原设计断面;施工条件允许时,宜将散抛石理砌或干砌。

2 当砌石护坡护底水泥砂浆勾缝剥落时,应清理干净缝隙后,用1:2水泥砂浆重新勾缝;出现松动、塌陷、隆起、底部淘空、垫层散失等情况时,应拆除损坏部分并修复,同时处理好相邻区域间垫层、反滤、排水等设施的衔接。

3 当混凝土护坡护底混凝土局部受损时,应及时修补。当混凝土严重受损,不能保证运行安全时,应拆除并修复损坏部分,修复前应清基,平整地基表面,去除漂卵石及植物,重新敷设垫层或反滤层。

6.4 消能防冲设施

6.4.1 消能防冲设施的维修养护范围应包括消力池、反滤排水设施、防冲槽、海漫段、防冲板桩、帷幕及防渗墙等。

6.4.2 消能防冲设施的养护应符合下列要求:

1 当过闸流量较大或出闸水流不正常时,应对消力池、海漫、防冲槽等消能设施进行养护。

2 当反滤排水设施被堵塞时,应予以疏通。

3 防冲设施部位淤积的砂石、杂物应及时清除。

6.4.3 消能防冲设施的维修应符合下列要求:

1 当消力池、海漫、防冲槽等消能设施出现剥落、裂缝、淘空和损坏现象时,应及时进行维修。

2 当防冲槽、海漫段抛填石块冲失时,应及时补充抛石到设计断面,可采用加筑消能设施或抛石、抛石笼等办法处理。

3 当反滤排水设施损坏时,应予以修复。

6.5 闸 室

6.5.1 闸室的维修养护范围应包括节制闸闸室、套闸内外闸首、套闸闸室段等。

6.5.2 闸室的养护应符合下列要求：

　　1 混凝土结构表面应保持清洁完好，积水、积雪应及时排除，预防或阻止环境介质对建筑物的侵害；工作门槽、检修门槽、闸门底槛等处如有青苔、蚧贝、污垢、砂石、杂物等应予清除；水下部分泥沙等应结合水下检查定期清除。

　　2 闸墙、闸墩、胸墙等混凝土结构的局部破损应及时修复。

6.5.3 闸室的维修应符合下列要求：

　　1 闸室出现管涌或流土等渗透破坏现象时，应查明原因及时进行处理；闸室发生渗透破坏时，可在闸底板上游端增设或延长(加厚)闸基垂直防渗措施(如板桩、帷幕、截水槽、防渗墙等)。

　　2 闸室与堤(坝)结合部位出现集中渗漏(接触冲刷)时，应采用黏土(掺适量的水泥)灌浆处理；如灌浆效果差，可开槽(一道或多道)重新回填或用高压旋喷桩处理。

6.6　进出水建筑物

6.6.1 泵站进出水建筑物的维修养护范围应包括内河进出水池、外河进出水池、清污机桥等。

6.6.2 进出水建筑物的养护应符合下列要求：

　　1 墩、台表面应保持清洁，及时清除青苔、杂草、污物和垃圾。

　　2 杂草、杂物应及时清除，清污机清出的污物、杂物应及时清运。

　　3 防护设施应保持完好。

　　4 反滤、排水设施应畅通有效，及时疏通。

6.6.3 进出水建筑物的维修应符合下列要求：

　　1 混凝土结构如发生风化、脱壳、剥落、碳化、钢筋锈蚀、裂缝等现象，应及时修复。

2 进出水建筑物淤积厚度大于 50 cm 时应进行疏浚,疏浚可采用人工挖淤、水力清淤、机械清淤等方法。

6.7 泵房、启闭机房

6.7.1 泵房的维修养护范围应包括泵房底板、电机层以下挡水结构、混凝土墙体、进出水混凝土流道、镇墩、支墩,以及上部建筑;启闭机房的维修养护主要内容为启闭机平台及上部建筑。

6.7.2 泵房和启闭机房的养护应符合下列要求:

1 内外墙涂层或贴面应清洁、美观,无起壳、脱落、裂缝、渗水等现象。

2 混凝土墙体应无渗水、漏水、破损现象。

3 外露的金属结构应定期油漆。

4 门窗保持清洁完好、无破损,定期清洁门窗。

5 泵房地面应清洁,无破损、裂缝等。

6 屋顶应防止漏水、泛水,天沟、落水斗、水落管应完好且排水畅通。

6.7.3 泵房和启闭机房的维修应符合下列要求:

1 混凝土墙体有渗水、漏水现象时,可在低水位时采取背水面涂抹、迎水面贴补或迎水面水下修补等措施。

2 进、出水流道混凝土表层严重磨损时可修筑围堰,将水排干后,磨损处涂抹环氧树脂。

3 管道伸缩缝、沉降缝出现漏水时,应补充充填物或更换止水。

4 内外墙涂层出现起壳、空鼓、脱落、裂缝现象时,如面积较大,应将原涂层铲除,重做内外涂层;外墙面砖局部脱落的,应重新修补。

5 门窗局部破损的,应按原规格予以整修或更换。

6 地面出现裂缝、空鼓、剥落、起砂现象时,应将原混凝土地坪凿除,采用同配合比的混凝土进行修补;地砖、地面涂层发现裂缝、破损、脱落、高低不平的,应凿除损坏部分,按原样予以恢复。

7 屋面出现局部漏雨、渗水时,应查明原因,根据原屋面的结构状况,拆除破损部分,按原设计予以恢复。

6.8 泵闸区堤岸

6.8.1 堤岸的维修养护范围应包括堤岸顶面、堤顶路面、堤岸坡面等。

6.8.2 堤岸的养护应符合下列要求:

1 堤岸顶面出现塌陷时,应及时填土、压实、整平。

2 堤岸顶面出现裂缝时,可采用开槽、回填(分层压实)等方法修复。

3 堤岸坡面出现冲沟时,应清基、回填、夯实、整平。

4 堤岸水上部位出现塌坑时,应查找分析原因,并采用同类土料填筑,根据实际情况设置防渗层和反滤层。

5 出现渗漏、管涌、墙后地面出现少量冒水和冒沙现象时,应按照"上截下排""迎水坡防渗、背水坡导渗"的原则进行修复。

6.8.3 堤岸的维修应符合下列要求:

1 堤岸发生深度较深的非滑动性内部深层裂缝,宜采取灌浆处理;对自表层延伸至堤岸深部的裂缝,宜采用上部开挖回填与下部灌浆相结合的方法处理;裂缝灌浆宜采用重力或低压灌浆,不宜在雨季或高水位时进行;当裂缝出现滑动迹象时,不应灌浆。

2 堤顶泥结碎石路面面层大面积破损的,应翻修面层;垫层、基层均损坏的泥结碎石路面,应全面翻修;沥青路面或混凝土路面大面积破损的,应全面翻修(包括垫层)。

3 土质堤岸出现绕渗或集中渗漏(接触冲刷)可能形成渗透破坏时,可采取上游翼墙防渗处理、两侧堤岸灌浆、堤岸开槽填筑截水墙等措施,同时做好下游反滤、排水设施。

4 堤岸出现滑坡迹象但发展缓慢时,可根据滑坡产生的原因和具体情况,按"上部减载,下部压重"和"迎水坡防渗、背水坡导渗"等原则,采用开挖回填、加培缓坡、压重固脚、导渗排水等多种方法综合处理。

6.9 变形缝

6.9.1 变形缝填缝材料的维修应符合下列要求:

1 变形缝填缝材料老化或缺失时应及时填补,填补前应将缝内杂物清除干净,之后用原填缝材料进行修复。

2 变形缝中原止水带损坏时,根据损坏程度可采用柔性化学材料灌浆、重新埋设或增设止水等方法修复。

7 设备维修和养护

7.1 一般规定

7.1.1 应每年按计划对设备进行维修和养护。

7.1.2 应根据工程养护等级明确各类设备的养护周期。

7.1.3 应做好设备维修养护工作记录,资料完整详细,按照工程档案管理规定及时归档。

7.1.4 设备养护应根据养护等级,结合设备具体情况,确定养护工作项目和周期,开展养护工作,保证设备完整、安全和正常运行。

7.1.5 设备维修应符合下列要求:

　1　采取合理的技术方案和工艺,保证维修质量,对检查中发现的故障应及时修复。

　2　受损设备经维修后,运行应可靠正常,其标准不低于原设计要求。

　3　设备维修标准应符合现行国家有关规范的规定。

7.1.6 设备维修和养护时,必须采取有效的安全措施,确保人身与设备安全。

7.1.7 设备维修和养护应符合现行国家和地方有关环境保护的标准要求。

7.1.8 设备养护项目和频次见附录C。

7.2 主机组

7.2.1 主机组养护应符合下列规定:

1 水泵应保持清洁,外壳无尘垢。

2 水泵与管路连接螺栓应紧固。

3 水泵轴承、机械密封应润滑良好,适时加注或更换润滑油脂,润滑油脂的牌号应符合规定。

4 检查与更换密封用的填料,清除填料函内的污垢,并调整轴封机构。

5 运行中应防止有可能损坏或堵塞水泵的杂物进入泵内。

6 水泵的汽蚀、振动和噪声应在允许范围内。

7 轴承、填料函的温度应正常;润滑、冷却用油的油质、油位、油温,冷却用水的水质、水压、水温等均应符合要求。

8 水泵密封漏水应符合要求。

9 水泵油、气、水系统等辅助设备工作应正常可靠。

10 水泵的各种监测仪表应处于正常状态。

11 不经常运行的水泵,宜每 2 周试泵 1 次,每次运行时间不少于 15 min。

7.2.2 主机组维修应符合下列规定:

1 维修前应制定维修方案。

2 维修后流量与效率应符合相关规定。

3 应做好完整的维修记录,包括维修内容、调换的零部件、材料消耗等。

4 维修应由专业单位进行,主要项目有泵壳、轴与联轴器、叶轮与叶轮室、轴承、轴封装置及密封件等。

7.2.3 电动机养护应符合下列规定:

1 电动机外壳、电缆接线盒等处应保持清洁。

2 轴承应保持油位正常、油路畅通、润滑良好,并适时加注润滑油。

3 冷却水管路应保持畅通。

4 启动前应测量定子和转子回路的绝缘电阻值;测量电动机定子回路绝缘电阻,包括连接在水泵电动机定子回路上不能用隔离开关断开的各种电气设备;绝缘电阻值及吸收比应符合规定要求,如不符合要求应进行干燥处理。

    5 梅雨季节或潮湿天气,应对水泵电动机进行除湿、保温等措施。

    6 电动机的运行电压和电流应符合下列规定:

        1)运行电压应为额定电压的 95%～110%。

        2)电流不应超过额定电流,一旦发生超负荷运行,应立即查明原因,并及时采取相应措施。

        3)运行时三相电流不平衡之差与额定电流之比不应超过 10%。

        4)同步电动机运行时励磁电流不应超过额定值。

    7 电动机定子线圈的温升不应超过制造厂及现行规范规定允许值。

    8 电动机运行时轴承允许最高温度不应超过制造厂的规定值;制造厂未作规定的,轴承允许最高温度为:滑动轴承 70℃,滚动轴承 95℃,弹性金属塑料轴承 65℃。当电动机各部温度与正常值有较大偏差时,应根据仪表记录检查电动机和辅助设备是否正常运行。

    9 潜水泵电动机绝缘电阻及温度、泄漏、湿度传感器,其参数应符合产品技术要求。

7.2.4 主电动机维修应符合下列规定:

    1 电动机累计运行达到 6 000 h～8 000 h 应维修 1 次;不经常运行的电动机,应每 2 年维修 1 次;电动机的维修项目应由专业单位进行。

    2 电动机维修应符合下列规定:

        1)定子无积尘与油垢,定子通风沟、槽应畅通。引线绝缘良好,相位标记清晰。定子铁芯硅钢片整齐无松动,定子圆度良好。绑线不应断裂与松动,应牢固、完整。绝缘电阻值应达到要求。若达不到,可进行烘燥、浸漆处理或更换绕组。

2）转子无积尘与油垢,转子通风沟、槽应畅通。转子应无松动、无凸出;喷漆应均匀。转子铁芯硅钢片整齐无松动,转子圆度良好。引出线绝缘应完好无损,否则应作加强绝缘处理或调换引出线。铸铝鼠笼无裂缝及断条,铜条焊接、鼠笼焊接应牢靠。

3）轴承清洗后应调换润滑脂,填满空腔 $1/2\sim2/3$,轴瓦研制或重新浇铸轴瓦。

4）电机底座保持清洁,无污垢。底座安装面平整度与同轴度应达到要求。

7.3 金属结构

7.3.1 金属结构包括闸门、启闭机、拦污栅、清污机等,应按规定进行养护和维修。

7.3.2 闸门养护分一般性养护与专门性养护。

7.3.3 闸门一般性养护应符合下列要求:

1 检查清理闸门门体上泥沙、污垢、附着水生物和杂物等,保持梁格排水孔畅通。

2 观察闸门运行状况,如有倾斜跑偏现象应与启闭机配合调整纠偏。双吊点闸门的两侧钢丝绳长度应调整一致,侧轮与两侧轨道间隙应大体一致。

7.3.4 闸门专门性养护应符合下列要求:

1 保持门叶涂层完好。

2 保持主轮、吊耳轴销、锁定装置等部位润滑良好,运行正常。

3 保持止水橡皮完好,并紧密贴合于止水座。

4 保持闸门预埋件与基体联结牢固,表面平整。主轨的工作面应光滑平整,且保持在同一垂直面上。

7.3.5 闸门维修应符合下列要求：

  1 止水橡皮出现磨损、变形或止水橡皮自然老化、失去弹性且漏水量超过规定时，应予更换，更换后的止水装置应达到原设计要求。

  2 止水压板螺栓、螺母锈蚀严重时，应予更换。

  3 止水木腐蚀、损坏时，应予更换。

  4 刚性止水在闭门状态时应支承可靠、止水严密，挡板发生焊缝脱落时，应予补焊；填料缺失时，应填满符合原设计要求的环氧砂浆。

  5 修复变形、损伤或脱落的止水垫板、压板、挡板等部件，闸门水封压缩量应符合设计要求。

  6 门体出现局部锈斑、针状锈迹时，应及时补涂涂料。当涂层普遍出现剥落、鼓泡、龟裂、明显粉化等现象时，应全部重做防腐涂层或封闭涂层。补涂的涂料宜选用同型号产品。

  7 吊耳、吊杆及锁定装置出现变形、裂纹或锈损严重时，应予更换。

  8 门叶及其梁系结构发生局部变形、扭曲、下垂时，应及时矫形、补强或更换；发生裂缝或焊缝开裂，应及时补强或补焊。

  9 连接紧固件松动、缺失时，应紧固、更换或补全；连接螺栓变形、损伤或脱落时，应予更换。

  10 发生位移、倾斜或异常振动时，应查明原因并纠正。

7.3.6 闸门行走支承装置的零部件出现下列情况时应及时更换：

  1 轴和轴套出现裂纹、压陷、变形和严重磨损。

  2 滚轮出现裂纹、严重磨损或锈死不转。

  3 主轨道变形、断裂和严重磨损。

7.3.7 卷扬式启闭机养护应符合下列规定：

  1 保持启闭机工况良好，运行安全、平稳，无异常响声、振动与异味。

2 保持防护罩、机体表面清洁和油漆涂层良好,除转动部位的工作面及机件铭牌外,均应定期油漆养护。

3 定期清理启闭机表面,检查启闭机驱动部分,保持连接件紧固;保持活动部件润滑良好,并定期换注新油。

4 机架与各零部件应完好,无裂纹、变形、焊缝开裂及机架位移等现象。

5 闸门定位应正确,闸门开度与指示应一致。

6 制动轮表面应保持清洁,无油垢及垃圾杂物;电磁铁行程、制动片间隙和接触面积应符合标准,确保制动可靠;液压式制动器密封应良好,无渗油现象。

7 减速箱应无渗油现象,箱内油量正常、油质良好,轴承润滑应正常。

8 钢丝绳应保持油脂涂层良好、松紧适度,在卷筒上固定应牢固、排列应整齐,动、定滑轮转动应灵活。

9 钢丝绳日常抹油必须先清除钢丝绳上的污物,用机油清洗后涂抹专用的润滑油脂;钢丝绳的检验和报废按照相关规定执行。

10 调整双吊点闸门两侧钢丝绳,确保闸门水平与两侧搁门器搁门同步,防止闸门倾斜。

7.3.8 液压式启闭机养护应符合下列规定:

1 供油管、排油管和泄压管的油漆剥落、色标不清晰时,应及时修补。

2 过滤装置及液压油按产品要求定期清洗或更换;液压油接近使用年限时应化验,如继续使用应每年化验 1 次,油质与油量应符合要求;油箱每年清洗不少于 1 次。

3 液压缸的密封垫片和油管接头、阀件以及油箱、管路出现泄漏、渗油现象时,应及时修补或更换。

4 缸体、端盖、活塞杆、支承、轴套及油泵等零件出现损伤或裂纹,应及时修补或更换;定期清理缸口,保证其无油垢及灰尘。

5 各种阀件确保操作灵活、准确、无渗漏;安全阀在汛期前必须校验。

6 吸湿空气滤清器干燥剂变色时,应取出烘干或更换。

7 定期清洗空气过滤器、吸油滤油器、回油滤油器、注油孔及隔板滤网,有损坏时应更换。

8 转动液压缸的支铰轴承应定期加注和更换润滑油脂。

7.3.9 螺杆式启闭机养护应符合下列规定:

1 定期清理螺杆,并涂脂保护,条件允许时可配防护罩。

2 螺杆、螺纹出现变形或损坏时,应及时修补或更换。

3 各部位连接螺栓出现松动、断裂、缺失时,应及时修补或更换。

4 螺杆、螺母、蜗轮、蜗杆及轴承的润滑应保持良好,定期注入润滑油。

5 机箱油封和结合面出现漏油现象时,应及时修补或更换。

7.3.10 卷扬式启闭机维修应符合下列规定:

1 卷筒磨损后出现砂眼或气孔时,应补焊修复;卷筒或卷筒轴出现裂纹时,应及时更换。

2 滑轮应转动灵活、润滑良好,钢丝绳应无卡阻、偏磨,当出现下述情况之一时,应更换:

1) 有影响性能的缺陷(如裂纹等)。

2) 轮槽不均匀磨损达 3 mm。

3) 轮槽壁磨损达原壁厚的 10%。

4) 轮槽底部直径减少量达钢丝直径的 50%。

3 轴瓦间隙、接触承压面及接触斑点不符合要求时,应进行刮研或更换轴瓦;滚动轴承磨损严重、游隙超标或有剥蚀及破碎时,均必须及时更换。

4 大小齿轮运行时应平稳、无冲击振动或异常的声响,齿面出现裂纹、过量磨损、剥蚀、胶合等损伤时,应及时更换。

5 适时调整与维修制动装置,确保动作灵活,制动可靠。制动装置维修应符合下列要求：

    1）制动轮、闸瓦出现不均匀磨损、砂眼或裂纹等情况时，应及时整修或更换；制动器制动拉杆、弹簧等各部件出现锈蚀、变形、断裂等情况时，应及时整修或更换。

    2）制动器闸瓦间隙应满足相关规定，否则应及时调整。

    3）制动轮与闸瓦的接触面积不应小于闸瓦总面积的80%，制动轮和闸瓦的缺陷和磨损超过相关规定指标，必须更换。

    4）制动带磨损至原厚度的1/2或与铆钉（螺钉）齐平时，应及时更换制动带；制动带的铆钉（螺钉）断裂、脱落时，必须及时更换补齐。

    5）制动弹簧变形或失去制动力矩时，必须更换。

    6）制动装置维修后，其技术参数应符合现行行业标准《水利水电工程启闭机制造安装及验收规范》SL/T 381 的有关规定。

  6　钢丝绳两端固定部件应紧固、可靠；双吊点启闭机钢丝绳两吊轴高差超标时，应调整；钢丝绳磨损或断丝等缺陷超过相关规定值时，应更换；断丝范围不超过预绕圈长度的1/2时，可调头使用；更换钢丝绳时，缠绕在卷筒上的预绕圈数应符合设计要求。

  7　机架焊缝出现裂纹、脱焊、假焊等情况时，应补焊；启闭机机架（门架）、无机房的启闭机护罩，根据材料性质按规定进行防腐蚀处理。

  8　卷扬式启闭机维修后，应进行整机调试，反复启闭闸门不少于3次，其工作均应正常。

7.3.11　液压式启闭机维修应符合下列规定：

  1　活塞杆出现单面压磨痕迹时，应分析原因后进行维修；活塞杆的伸缩速度、双缸同步性能应满足设计要求；清理活塞杆行程内的障碍物；长期暴露于缸外或处于水中的活塞杆应有防腐蚀保护措施；油缸下滑量值应符合现行行业标准《水利水电工程启闭机制造安装及验收规范》SL/T 381 的规定;活塞环及油封出现较大磨损或老化变形时,必须及时更换。

2 油泵及油管系统应无渗漏油现象;油管及附件出现裂纹、砂眼、焊缝脱落及漏油时,必须及时修理或更换;修理前应先将管内油液排净后方可进行补焊,严禁在未排净油液的管路上进行补焊;维修后应做注油渗漏试验,要求保持 12 h 无渗漏。

3 油缸解体维修后,必须做耐压试验;试验压力应按设计要求,上、下端盖法兰及缸壁不得有渗漏油现象。

4 液压系统维修时,必须确保管路系统内的清洁,不得有铁屑、杂物掉入内部。

5 液压系统维修后,必须排除液压系统内的空气,然后做压力与密封性试验,试验压力为工作压力的 1.25 倍,并保持 30 min 系统无任何渗漏;之后进行整机调试,反复启闭闸门 3 次,其工作均应正常;油缸在持住闸门状态下能良好自锁,闸门 24 h 下沉量不应超过 100 mm。

7.3.12 螺杆式启闭机维修应符合下列规定:

1 螺杆的直线度应满足现行行业标准《水利水电工程启闭机制造安装及验收规范》SL/T 381 的规定,否则应矫正调直并检修推力轴承,修复螺杆螺纹擦伤。

2 根据现行行业标准《水利水电工程金属结构报废标准》SL 226 的规定,螺杆和承重螺母出现下列情况之一时,必须报废并进行更换:

1) 裂纹。

2) 螺纹牙折断。

3) 螺纹牙磨损、变形达到螺距的 5%。

4) 受压螺杆其外径母线直线度公差大于 0.6/1 000,且全长超过杆长的 1/4 000。

3 推力轴承保持架变形、滚道磨损点蚀、滚体磨损时,应及时更换。

4 双吊点启闭机两吊点高差应满足现行行业标准《水利水电工程启闭机制造安装及验收规范》SL/T 381 的规定,吊距偏差为±3 mm。

5 各转动部件的间隙应满足现行行业标准《水利水电工程启闭机制造安装及验收规范》SL/T 381 的规定。

6 启闭机部件磨损和锈蚀维护后仍不能满足设计要求的,应更换螺杆、螺母、蜗轮、蜗杆及轴承润滑油。

7.3.13 拦污栅养护应符合下列规定:

1 拦污栅片上的垃圾及污物应及时清除。

2 拦污栅平台应及时冲洗,保持环境清洁。

3 拦污栅片应无松动、变形与腐蚀。

7.3.14 拦污栅维修应符合下列规定:

1 定期对碳钢拦污栅进行防腐涂漆处理。

2 碳钢拦污栅若腐蚀严重、影响机械强度,应予调换。

7.3.15 清污机养护应符合下列规定:

1 及时对清污机进行清理,保持设备与环境的整洁。

2 减速箱、液压箱应运行平稳,无异常响声、渗漏油现象。

3 传动机构、钢丝绳、链条链板应润滑良好,动作灵活;钢丝绳在卷筒上固定牢固,绕圈符合设计要求;链条、链板松紧应正常。

4 各种轴承应润滑良好、温度正常。

5 齿耙运行状况应良好,齿耙与拦污栅片的啮合不应有较大的磨擦,刮板运行良好并能有效刮除垃圾。

6 各种紧固件应无松动。

7 停机后应及时做好清扫保养工作,对活动机构、钢丝绳、轴承等适时加注润滑油脂。

8 不经常使用的清污机,每月宜试运行 1 次。

9 定期清除拦污栅清污机底部淤泥。

7.3.16 清污机维修应符合下列规定:

1 检查钢丝绳、链条链板、刮板等部件,并调整齿耙运行偏差,使其达到最佳运行状态,如有严重磨损应及时更换。

2 检查与调整链条链板的松紧,应调换折断的齿耙。

3 检查液压箱的油缸和密封件,应更换失效的液压油与密封件。

4 检查与调换各类磨损的轴承,并应加注润滑油脂。

5 检查齿轮磨损及啮合情况,调整啮合间隙,如果齿轮磨损严重,则必须更换。

7.3.17 皮带输送机养护应符合下列规定:

1 皮带及挡板上的垃圾及污物应及时清除,保持设备与环境的整洁。

2 驱动、从动转鼓轴承和滚辊润滑应良好。

3 皮带接口应牢固,皮带松紧合适、无跑偏情况,否则应及时调整与纠偏。

7.3.18 皮带输送机维修应符合下列规定:

1 按期修整磨损的皮带接口。

2 按期交由专业单位对滚辊及钢架结构件进行防腐涂漆处理。

3 按期清洗、检查转鼓内的滚动轴承,如有磨损与损坏必须更换并调换润滑油脂。

4 按期交由专业单位更换磨损或腐蚀的皮带滚辊和轴承。

7.4 电气设备

7.4.1 电气设备包括电力变压器、配电柜、电缆、断路器、防雷与接地装置等,应按规定进行养护和维修。

7.4.2 变压器养护应符合下列规定:

1 保持变压器室通风良好及变压器外壳各部件清洁。

2 油浸式变压器储油柜油位应保持在规定范围内。如油位过低应及时添加经电气试验合格的变压器油。

3 油浸式变压器吸湿器应完好,吸湿剂受潮后应及时作烘燥处理或更换。

4 安全气道及防爆玻璃膜应完好无损。

5 分接开关分接位置应与外电源相适应,一般不超过该运行分接电压的 5%。

6 气体继电器内应无气体。

7 变压器室内贮排油设施应完好,消防器材齐全有效。

8 温控器装置应每 3 年 1 次送厂进行检测与标定,保证精确度与可靠性。

9 变压器不宜在过负荷的情况下运行;过负荷情况下,运行时间应符合制造厂规定的允许持续时间。

10 变压器的运行电压一般不高于该运行分接额定电压的 105%。

11 有载变压器在操作有载分接开关时,应逐级调压;同时监视分接位置及电压、电流的变化,并做好记录。

12 无载调压变压器应在停电后进行调压;在变换分接时,应作多次转动,以消除触头上的氧化膜和油污;在确认变换分接正确并锁紧后,测量绕组的直流电阻;分接变换情况应做记录。

13 电压为 110 kV 及以上中性点直接接地系统中,投运或停运变压器时,中性点应先接地,投入后按系统需要决定中性点是否断开。

14 油浸式变压器顶层油温的允许值应符合制造厂的规定,当冷却介质温度较低时,顶层油温也相应降低,自然循环冷却变压器的顶层油温原则上不超过 85℃。

15 干式变压器在停运期间,应防止绝缘受潮;干式变压器运行时,各部位温度允许值应符合制造厂的规定。

16 站用变压器运行时,中性线最大允许电流不应超过额定电流的 25%,否则应重新分配负荷。

7.4.3 变压器维修应符合下列规定：

1 主变压器和站用变压器的定期维修应由专业单位进行，维修项目如下：

1）检查并消除已发现的缺陷。

2）检查并拧紧套管引出线的接头。

3）放出储油柜中的污泥，检查油位计。

4）检修变压器油保护装置及放油活门。

5）检修冷却器、储油柜、安全气道及其保护膜。

6）检查套管密封、顶部连接帽密封衬垫、瓷绝缘。

7）检修并试验各种保护装置、测量装置及操作控制箱。

8）检修有载调压开关。

9）检查套管油位，及时补充变压器油。

10）油箱及附件的检修涂漆。

11）进行规定的测量和试验。

2 变压器检修并验收合格后，才能投入运行；验收时须检查检修项目、检修质量、试验项目以及试验结果，隐蔽部分的检查应在检修过程中进行；检修资料应齐全、填写正确。

7.4.4 配电柜养护应符合下列要求：

1 接线应接头牢固、标识明显。

2 柜内电气线路应无破损、受潮、老化等异常现象，绝缘电阻符合规定要求。

3 转换开关及按钮通断应完好、灵活可靠，触点应无烧蚀。

4 开关、继电保护装置应保持清洁，触点接触良好，接头连接牢靠；开关与继电器整定值应符合规定。

5 指示仪表和信号灯应完好、指示正确，固定螺丝应无松动。

6 柜箱外壳接地应牢靠，接地电阻应符合规范要求。

7 熔断器的熔芯或熔丝规格应满足被保护设备的需求。

7.4.5 配电柜维修应符合下列要求：

1 检查接线是否牢固、标识是否明显,发现问题应及时修理。

2 转换开关及按钮通断应完好、灵活可靠,应及时更换损坏的零部件。

3 开关、继电保护装置接头连接不牢靠,出现接触不良情况时,应及时养护、维修或更换。

4 指示仪表和信号灯应完好、指示正确,固定螺丝应无松动,应修复或更换有问题的零部件。

5 应及时修整交流接触器烧毛的触头,清除灭弧罩内的铜粒子。

6 熔断器的熔芯或熔丝熔断后应先检查原因再更换,不得改用较大规格的熔芯或熔丝。

7.4.6 电缆养护应符合下列规定:

1 电气线路及电缆应防止发生短路、断路、漏电、联接松动等现象。

2 架空线路接头联接应良好,经常清除架空线路下的树障,保持线路畅通。

3 户外照明灯具防潮应可靠。

4 电缆维修后必须确保线路相序正确、接地可靠。

5 定期测量导线的绝缘电阻。

6 电缆沟内积水应及时排除,电缆不得浸入水中。

7.4.7 电缆维修应符合下列规定:

1 电气线路及电缆发生短路、断路、漏电、联接松动等现象应及时修理

2 架空线路接头异常应及时更换。

3 户外照明灯具防潮应可靠,灯泡损坏后应及时调换。

4 电缆维修后必须确保线路相序正确、接地可靠。

5 电缆沟内如有积水应及时排除。

7.4.8 断路器养护应符合下列规定:

1 保持绝缘子、套管外表清洁、无积尘。

2 检查套管、绝缘拉杆和拉杆绝缘子,应完好无损,无裂纹,无零件脱落现象。

3 检查与母排联接处,应紧固无松动,无过热、变色及熔化现象。

4 紧固件应无松动。

5 做好断路器机械部分与操作机构的润滑工作;操作过程中应无卡涩、呆滞现象;电磁操作机构的分、合闸线圈应无过热现象;弹簧操作机构动作应灵活、可靠。

6 断路器脱扣机构应保持清洁、润滑良好,动作应灵活、可靠。

7 油断路器的油位指示、油色应正常,无渗漏油现象。

8 真空断路器的真空灭弧室应无漏气现象。真空灭弧室漏气或损坏后严禁使用。

7.4.9 断路器维修应交由专业单位进行。

7.4.10 防雷与接地装置养护应符合下列规定:

1 防雷与接地装置养护应在雷雨季节前完成。

2 应检查接地装置各连接点的接触情况。

3 接地装置的接地电阻值不应大于 10 Ω。

4 防雷设施的构架上严禁架设低压线、广播线及通信线。

7.4.11 防雷与接地装置维修应符合下列规定:

1 检查接地装置各连接点的接触情况,接闪杆(线、带)及引下线锈蚀量超过截面 30% 以上时应予更换;焊接点或螺栓接头出现脱焊或松动时,应及时补焊或紧固。

2 接地装置的接地电阻值超过规定值 20% 时,应增设补充接地极。

3 防雷设施的构架上严禁架设低压线、广播线及通信线,应及时修补局部破损的防雷接地器支架的防腐涂层。

4 电气设备的防雷设施应开展预防性试验,试验不合格应及时更换。

7.5 辅助设备

7.5.1 辅助设备包括阀门、拍门、起重设备、通风机、柴油发电机、消防器材等,应按规定进行养护和维修。

7.5.2 阀门养护应符合下列规定:

1 做好阀门的清洁保养工作,保持阀门清洁。

2 阀门的全开、全闭、转向等标牌显示应清晰完整。

3 清除阀门螺杆上的污垢并涂润滑脂,保持阀门启闭灵活。

4 电动阀门的电动装置与闸杆传动部件的配合状况应良好,电动阀门启闭过程应平稳、无卡涩及突跳等现象。

5 阀门填料密封压盖的松紧应合适,不渗漏。

6 不经常启闭的阀门每月应至少启闭 1 次。

7 按照频次检查与操作手动、电动操作切换装置,工作应正常。

8 虹吸式出水流道的真空破坏阀应保证破坏真空的控制设备或辅助应急措施处于能随时投入状态,应按水泵启动排气的要求调整阀盖弹簧压力。

7.5.3 阀门维修应符合下列规定:

1 应检查与维修阀杆、螺母和阀板等部件。

2 应检查与更换阀门杆的填料密封。

3 交由专业单位检查、整修或更换阀门的密封件,应检查阀板的密闭性并调整阀板闭合的超行程,使密闭性达到产品技术要求。

7.5.4 拍门养护应符合下列规定:

1 门板密封状况应良好。

2 拍门的运行情况应良好,如有垃圾杂物卡阻应及时清除,不得产生倒流现象。

7.5.5 拍门维修应符合下列规定:

1 转动销损坏应及时更换。

2 门框、门板不得有裂纹、损坏,门框不应有松动。

3 缓冲装置工作应可靠。

4 门板密封圈损坏应更换,对钢制拍门进行防腐涂漆处理。

7.5.6 起重设备维护应按设备说明书、产品标准及现行国家标准的规定执行。

7.5.7 通风机养护应符合下列规定:

1 通风管道应保持清洁、管路畅通。

2 通风管道应密封良好,无漏气现象。

3 通风机运行应正常、无异响。

7.5.8 通风机维修应更换破损件,并调换润滑油脂。钢制通风管道应无锈蚀,否则应作防腐涂漆处理。

7.5.9 柴油发电机组养护应符合下列规定:

1 柴油机各部位应正常,油质应合格。

2 绝缘电阻应符合要求,更换不符合要求的部件。

3 及时修复调整有卡阻的发电机转子、风扇与机罩间隙。

4 定期清洁集电环换向器,及时调整电刷压力。

5 控制屏元件和仪表安装应紧固,更换损坏的熔断器。

6 更换动作不灵活、接触不良的机旁控制屏开关。

7.5.10 柴油发电机应根据损坏情况进行维修。

7.5.11 消防器材养护应符合下列规定:

1 器材外观应整洁、功能齐全。

2 灭火器、砂桶等消防器材应符合消防要求,定点放置,定期检查及更换。

3 消火栓、水枪及水龙带应每年进行 1 次试压,达到有关消防要求。

7.5.12 消防器材维修应按国家消防规定执行。

7.6 自控及视频监控系统

7.6.1 监控系统养护应符合下列规定:

1 供电系统应正常可靠。

2 系统的自诊断、声光报警、保护、通信等功能应正常可靠。

3 接地(接零)和防雷设施应正常可靠。

4 视频部分摄像头应无尘,云台润滑良好,接线端子与线头无氧化物及灰尘。

5 软件修改或设置应由专业工程师进行,并将修改、设置前后的软件分别备份,做好修改记录。

6 未经杀毒的软件不得在监控系统和监控局域网中使用;相关计算机不得移作他用,不得安装未经允许的软件,不得和外网连接。

7 如运行中出现问题,应详细记录。

7.6.2 监控系统维修应符合下列规定:

1 维修必须按照用户手册的说明要求进行。

2 按时对 PLC/RTU、通信设施、通信接口进行检查和维护,对工况及性能进行校验。

3 按时对就地(现场)控制系统各检测点的模拟量及数字量校验。

4 按时检查设备的手动、自动与遥控的控制功能以及控制级的优先权。

5 按时测试监控系统的故障和声光报警点、保护、自启动及通信等功能。

6 按时检查与维护监控系统供电装置。

7 按时检查与检测监控系统的接地(接零)、防雷与过电压保护设施。

8 按时检查与维护监控室的防静电设施。

9 加强对计算机的网络安全管理,定时杀毒,及时更新杀毒软件。

10 定期对运行数据备份,对技术文档应妥善保管。

11 计算机监控系统在运行中监测到设备故障和事故,运行人员应迅速处理,及时报告。

    12   计算机监控系统和监控局域网运行发生故障时应查明原因,及时排除。

    13   如修改或设置软件,应将修改或设置前后的软件分别进行备份,并做好修改记录。

8 附属工程维修和养护

8.0.1 附属工程的维修养护范围应包括道路、排水设施、绿化、标志标牌、围墙及护栏等其他附属设施。

8.0.2 附属工程的养护应符合下列要求：

1 管理范围内道路应定期清扫。

2 道路排水沟、电缆沟、下水道和窨井应定期疏通，污泥应定期清捞。盖板应保持完好，如有破损，应及时维修或更换。

3 管理范围内的绿化设施应定期进行养护，保持完好美观。

4 标志标牌表面应保持完好、清洁、醒目，安装牢固，无缺损、变形；水尺高程应每年结合沉降测量检测 1 次，若高程与读数之间误差大于 10 mm，水尺应重新安装。基本水准点每 3 年～5 年校核 1 次。

5 启闭机房、控制室、办公、生产及其他辅助建筑物应经常清理。

6 围墙、护栏、栏杆、爬梯、扶梯等设施表面应保持清洁。

7 系船钩、助航孔、带缆桩等应保持完好无损；损坏严重时，可采取焊接修补，或按原设计重新修复；系船钩及其固定螺栓应齐全与紧固完好，助航孔焊接良好，如有问题应及时紧固或补焊。

8 消火栓、水枪及水龙带应达到有关消防要求；灭火器、砂桶及消防器材应建立档案资料，按消防要求配置，定点放置，定期检查及更换。

9 通信设备及电源、通信专用塔（架）设施应保持完好，如有损坏应及时维修或更换。

8.0.3 附属工程的维修应符合下列要求：

1 管理范围内道路出现塌陷、裂缝、破损等问题时，应及时进行修复。

2 围墙、护栏、栏杆、爬梯、扶梯等发生变形、损伤严重、危及使用和安全功能的,应及时整修或更新。

3 启闭机房、控制室、办公、生产及其他辅助建筑物发生损坏的,可按工业和民用建筑的有关要求进行维修。

9 技术资料和档案要求

9.1 一般规定

9.1.1 应建立健全技术资料档案管理制度,由专人管理档案。档案保管设施应齐全、整洁、完好。

9.1.2 各类设施设备均应建档立卡,技术档案、图表资料等应规范齐全、分类清楚、存放有序、按时归档。

9.1.3 设备维修养护记录、试验报告、质量检验报告、试运行报告和维修总结报告等技术资料,应整理归档。

9.1.4 技术资料按上海市城建技术档案管理要求整理、分类、甄别、归档、保管,技术档案由文字材料、图纸、表格、照片、录音、像带和光盘等组成。

9.2 资料整编

9.2.1 控制运行、检查观测、维修养护结束后,应及时对资料整理归档。

9.2.2 技术资料应包括规程规范资料、控制运行资料、检查资料、观测资料、维修养护资料、文件资料等,具体内容、频次和要求按下列规定执行:

    1 规程规范资料:国家及本市水闸与泵站技术管理、维修养护等有关现行规范、规程、标准。

    2 控制运行资料:收集工程控制运行全过程资料,包括各项原始记录及工程调度记录,有条件的单位可将对应的影像资料一并整理存档。对于控制运行频繁的水闸与泵站,运行资料整编宜

每月进行 1 次;对于控制运行较少的水闸与泵站,可每季度进行
1 次。

3 检查资料:在日常检查、定期检查、专项检查中形成的材
料,整编宜每月进行 1 次。

4 观测资料:观测结束后,应及时对资料进行整理、计算和
校核,观测资料整编应每年进行 1 次,包括下列内容:

1)收集观测原始记录、考证资料及平时整理的各种图
表等。

2)对观测成果进行复核审查。

3)选择有代表性的测点数据或特征数据,填制统计表和曲
线图。

4)分析观测成果的变化规律及趋势,与设计工况比较是否
正常,并提出相应的安全措施和必要的操作要求。

5)编写观测工作的有关说明。

5 维修养护资料:包括设备名称,实施单位、人员,实施时
间,发现的问题及处理情况,实施工作前后设备的状况,使用的主
要设备和检测仪器等;整编周期宜每月 1 次,并结合检查情况
实施。

6 文件资料:水闸与泵站维修养护工作的指示、批文、报告、
安全管理资料、总结,以及其他参考文件的整理成果。

9.2.3 资料整编应符合下列要求:

1 资料整编前,应将所有资料进行 1 次全面审查,排除资料
中可能存在的错误,校核原始资料有无笔误、遗漏,各项说明结论
是否合理。

2 考证清楚、项目齐全、方法合理、数据可靠、图表完整、说
明完备。

3 图形比例尺满足精度要求,图面线条清晰均匀、标注
整洁。

4 表格及文字说明端正整洁、数据上下整齐。

5 资料整编中发现的问题应作进一步分析,必要时可会同管理、设计、施工人员进行专题研究。

9.3 信息化要求

9.3.1 应采用视频监控、监测自动化、闸门与水泵控制自动化等技术,建立工程综合运行管理平台。

9.3.2 水闸与泵站视频监控应包括闸门状态监视、上下游水面监视、启闭机房监视、水泵机组监视、泵房监视等。

9.3.3 综合运行管理平台应以管理手册为基础,实现管理事项任务化、事项操作流程化、流程处置闭环化、管理记录电子化和系统操作痕迹化。

9.3.4 综合运行管理平台应按相关规定建设,应能进行数据汇聚、水利地图工作管理、统一用户管理、视频图像监控和工程巡查管理,主要应包括工程观测检查、视频监控、控制运行、工程维修养护、安全鉴定、降等报废、除险加固、资料整编、档案管理、安全应急管理等功能模块。

9.3.5 管理单位宜逐步对水闸与泵站实行集中监控和联合调度,实行信息化管理。

9.3.6 信息化系统结合当地情况,宜布置在云平台。

9.3.7 自动化监控系统与信息化管理系统之间应采取安全措施,在数据共享的同时,确保各系统运行的安全;信息化管理系统故障不应影响到水闸现场设备的正常运行。

9.3.8 信息化系统应由被授权人员进行操作、维护和管理。

9.3.9 应对运行管理平台开展信息化设备预测性维护管理,并依据水利信息化的相关规定制定应急响应流程和预案。

9.3.10 应定期对综合运行管理平台的水闸工程控制运行、检查观测、维修养护、安全管理等资料建立电子化管理台帐。

9.4 档案要求

9.4.1 应建立健全技术档案管理制度,应由了解工程管理及掌握档案管理知识的专职或兼职人员管理档案;档案设施应齐全、清洁、完好。

9.4.2 应按照现行国家标准《科学技术档案案卷构成的一般要求》GB/T 11822 的规定建立完整技术档案,及时整理归档各类技术资料。

9.4.3 各类工程和设备均应建档立卡,技术档案、图表资料等应规范齐全、分类清楚、存放有序、按时归档。技术档案由文字材料、图纸、表格、照片、录音、像带、光盘等组成。

9.4.4 严格执行保管、借阅制度,做到收、借有手续,限期归还。

9.4.5 逐步实行技术档案的数字化及计算机管理,并应符合现行国家标准《电子文件归档与电子档案管理规范》GB/T 18894 的规定。

附录 A　标志牌设置表

表 A　标志牌设置表

标志牌类型		设置要求	
		部位	数量
公告类	工程简介标牌	工程主要建筑物附近醒目位置	1处
	工程建设永久性责任牌	工程主要建筑物附近醒目位置	1处
	规章制度牌	各类主要设备操作间、办公场所	根据需要确定
	宣传牌	工程区域及其管理范围或保护范围醒目位置	根据需要确定
	公告牌　管理范围和保护范围公告牌	工程区域及其管理范围或保护范围醒目位置	根据需要确定
	公告牌　界桩	管理范围边界位置	直线段≥1处/km,非直线段适当加密;各拐点处1个。已有明显界限,如围墙、河道、公路等,且与管理范围重叠的,可不设置
名称类	监测设施名称牌	监测设施、测点表面或周边醒目位置	与外露监测设施、测点数量相同。位于建筑物内部、无外露部分的监测设施无需设置
	设备序号牌	设备表面或周边醒目位置	与设备数量相同
	机电设备管理责任牌	主要机电设备表面或周边醒目位置	与主要机电设备数量相同
	电气屏柜设备名称牌	屏柜上部前、后醒目位置	各屏柜可视面设置1处
	仪表牌	关键阀门、仪表设备(不含控制柜内)下方或周边醒目位置	与关键阀门、仪表数量相同

续表A

标志牌类型		设置要求	
		部位	数量
警示类	安全警示牌	存在安全风险的区域	根据需要确定
	警示标线	启闭设备、电气设备、重要仪器设备周边	根据场所、设备布置等实际情况设置

附录 B 水工建筑物养护项目及频次表

表 B 水工建筑物养护项目及频次表

序号	养护项目	养护频次		备注
		Ⅰ级	Ⅱ级	
1	翼墙	每3个月1次	每6个月1次	
2	护底、护坡	每3个月1次	每6~12个月1次	
3	消能防冲设施	每12个月1次	按需要	
4	闸室	按需要	按需要	
5	进出水建筑物	每3个月1次	每6个月1次	
6	泵房、启闭机房	每3个月1次	每6个月1次	
7	泵闸区堤岸	每6个月1次	每12个月1次	
8	变形缝	每6个月1次	每12个月1次	

附录C 设备养护项目及频次表

表C 设备养护项目及频次表

序号	养护项目	养护频次		备注
		I级	II级	
1	主机组	每3个月1次	每6个月1次	
2	主电动机	每3个月1次	每6个月1次	
3	闸门	每3个月1次	每6个月1次	
4	卷扬式启闭机	每3个月1次	每6个月1次	
5	液压式启闭机	每3个月1次	每6个月1次	
6	螺杆式启闭机	每3个月1次	每6个月1次	
7	拦污栅	每3个月1次	每6个月1次	
8	清污机	每3个月1次	每6个月1次	
9	电力变压器	每3个月1次	每6个月1次	
10	配电柜	每3个月1次	每6个月1次	
11	集控操作台	每3个月1次	每6个月1次	
12	电缆	每3个月1次	每6个月1次	
13	防雷装置	每3个月1次	每6个月1次	
14	阀门	每3个月1次	每6个月1次	
15	拍门	每3个月1次	每6个月1次	
16	起重设备	每3个月1次	每6个月1次	
17	通风机	每3个月1次	每6个月1次	
18	发电机	每3个月1次	每6个月1次	
19	监控系统	每6个月1次	每12个月1次	
20	视频系统	每6个月1次	每12个月1次	

附录 D 附属工程养护项目及频次表

表 D 附属工程养护项目及频次表

序号	养护项目	养护频次		备注
		Ⅰ级	Ⅱ级	
1	排水沟、电缆沟、下水道和窨井	每6个月1次	每12个月1次	
2	标志标牌			
3	护栏、栏杆、爬梯、扶梯等设施			
4	系船钩、助航孔、带缆桩			
5	电缆沟、排水沟、窨井盖			
6	消火栓、水枪、水龙带、灭火器、砂桶及消防器材			
7	通信设备、电源、通信专用塔(架)设施			

本标准用词说明

1 为便于在执行本标准条文时区别对待，对要求严格程度不同的用词说明如下：

1）表示很严格，非这样做不可的用词：

正面词采用"必须"；

反面词采用"严禁"。

2）表示严格，在正常情况下均应这样做的用词：

正面词采用"应"；

反面词采用"不应"或"不得"。

3）表示允许稍有选择，在条件许可时首先应这样做的用词：

正面词采用"宜"；

反面词采用"不宜"。

4）表示有选择，在一定条件下可以这样做的用词，采用"可"。

2 条文中指明应按其他有关标准执行时的写法为"应符合……的规定"或"应按……执行"。

引用标准名录

《起重机钢丝绳保养、维护、检验和报废》GB/T 5972

《起重机械安全规程第 1 部分:总则》GB/T 6067.1

《数据修约规则与极限数值的表示和判定》GB/T 8170

《科学技术档案案卷构成的一般要求》GB/T 11822

《电子文件归档与电子档案管理规范》GB/T 18894

《电力安全工作规程(发电厂和变电站电气部分)》GB 26860

《检验和校准实验室能力的通用要求》GB/T 27025

《泵站技术管理规程》GB/T 30948

《企业安全生产标准化》GB/T 33000

《泵站设计规范》GB 50265

《水闸施工规范》SL 27

《水闸技术管理规程》SL 75

《水工钢闸门和启闭机安全检测技术规程》SL 101

《水工金属结构防腐蚀规范》SL 105

《水工混凝土结构设计规范》SL/T 191

《土石坝养护修理规程》SL 210

《水闸安全鉴定规定》SL 214

《水利水电工程金属结构报废标准》SL 226

《混凝土坝养护修理规程》SL 230

《水闸设计规范》SL 265

《泵站安全鉴定规程》SL 316

《水利水电工程启闭机制造安装及验收规范》SL 381

《水利水电起重机安全规程》SL 425

《水利信息系统运行维护规范》SL 715
《水工钢闸门和启闭机安全运行规程》SL/T 722
《固定式压力容器安全技术监察规程》TSG 21

上海市工程建设规范

水闸与水利泵站维修养护技术标准

DG/TJ 08—2428—2024
J 17270—2023

条 文 说 明

2024　上海

目　次

Contents

1 总　则

1.0.1　本标准针对本市水闸与泵站工程的特点和管理需求,从保障设施安全运行、发挥工程综合效益的角度出发,完善工程维修养护方面的技术要求,目的是实现水闸与泵站设施维修养护的制度化、规范化和标准化,为本市实现"高质量发展、精细化管理"的发展愿景提供技术支撑。

目前本市水利工程管理体制已全面改革,制定水闸与泵站维修养护技术标准,可使水闸与泵站维修养护工作更加规范。一方面可促进维修养护资金运作体系的不断完善,使预算编制在工程管理中的地位和作用明显增强,形成科学合理编制维修养护经费预算基础;另一方面对工程主体结构、机电设备、信息化设施维修养护及工程运行安全具有明确的指导作用,对保障城市安全运行和推进城市精细化管理具有重要意义。

2 术 语

2.0.3　本标准的维修养护重点在日常养护和维修,即日常的保养及根据日常检查运行中发现的问题和缺陷进行必要的整修和局部修补。

3 基本规定

3.0.2 位于下列 10 条控制线沿线的水闸与泵站可定义为水利片一线水闸与泵站：

1 长江口、杭州湾沿线。

2 黄浦江干流沿线。

3 淀山湖—拦路港—泖河—斜塘沿线。

4 吴淞江—苏州河沿线。

5 太浦河沿线。

6 红旗塘—大蒸塘—圆泄泾沿线。

7 大泖港—掘石港—惠高泾沿线。

8 浦南西片、商榻片敞开河道沿线。

9 浦南西片、商榻片及太南片为太湖流域留出的泄洪通道沿线。

10 重要省界边界河道沿线。

由市级水利工程管理单位管理的水闸与泵站可定义为市管水闸与泵站，由区级水利工程管理单位管理的水闸与泵站可定义为区管水闸与泵站。

4 运行要求

4.1 一般规定

4.1.1 水闸与泵站的运行调度应根据制定的调度方案进行。控制运行分为防汛调度、活水畅流调度和专项调度。防汛调度指按照防汛指挥机构发布的防汛防台应急响应等指令，根据防汛调度预案实施的水工程控制运行。活水畅流调度指在保障防汛安全，满足生产、生活、生态、景观等用水水位需要的基础上，为促进水体有序流动实施的水工程控制运行。专项调度指应对咸潮入侵、涉水工程建设及重大活动等特定情况实施的水工程控制运行。

控制运行原则：①坚持防汛优先调度：严格执行防汛指挥机构发布的防汛防台应急响应指令，及时开展水工程防汛调度，降低内河水位，保障区域防汛安全。②坚持活水畅流调度：加强水工程活水畅流调度，提升河道水体流动性；适时补充河道水量，提高水体自净能力；科学开展水资源调配，增加水体调蓄容量。③坚持专项协同调度：明确专项调度方案，加强片区协同联动，严格执行专项调度指令，确保专项调度成效。④坚持局部服从全局：遵循系统调度、统一指挥、分级负责，片区调度服从流域调度，圩区调度服从片区调度。

管理单位应根据水闸与泵站规划设计要求和所承担的任务，按年度或分阶段制定控制运行方案。

4.2 水闸控制运行要求

4.2.2 本市水闸往往兼具排涝、挡潮、引水多项任务，本条仅作原则性要求。

5 检查与观测

5.1 一般规定

5.1.1 水闸与泵站较大隐患包含但不限于下列内容：

1 土工建筑物、石工建筑物、混凝土建筑物存在的明显损坏、塌陷、裂缝、异常沉降等。

2 闸门、主机组、启闭机、辅助设备等运行存在明显异常声响、异常振动等。

5.9 工程观测

5.9.1 根据设计布置的观测点，对水闸与泵站不同部位的垂直位移、水平位移等进行观测。

7 设备维修和养护

7.1 一般规定

7.1.3 记录内容应详尽真实,可量化的记录内容应以数值形式填写;不易量化的内容,文字描述应准确、规范。记录数据的修约处理,具体应按现行国家标准《数据修约规则与极限数值的表示和判定》GB/T 8170 的规定执行;记录数据的更改,具体应按现行国家标准《检验和校准实验室能力的通用要求》GB/T 27025 的规定执行。

8 附属工程维修和养护

8.0.2 定期对工程管理范围内的绿化设施进行养护,保持完好美观。Ⅰ级养护可参照现行行业标准《园林绿化养护标准》CJJ/T 287 中二级养护管理执行,Ⅱ级养护可参照现行行业标准《园林绿化养护标准》CJJ/T 287 中三级养护管理执行。